21世纪应用型高等院校示范性实验教材

材料力学实验简明教程

第二版

主 编 佘 斌
编 者 佘 斌 程 鲲

南京大学出版社

图书在版编目(CIP)数据

材料力学实验简明教程 / 佘斌主编. —2 版. --南京：南京大学出版社，2016.11(2018.8 重印)
 21 世纪应用型高等院校示范性实验教材
 ISBN 978-7-305-17487-2

Ⅰ.①材… Ⅱ.①佘… Ⅲ.①材料力学－实验－高等学校－教材 Ⅳ.①TB301-33

中国版本图书馆 CIP 数据核字(2016)第 207680 号

出版发行	南京大学出版社
社　　址	南京市汉口路 22 号　　邮　编　210093
出版人	金鑫荣
丛 书 名	**21 世纪应用型高等院校示范性实验教材**
书　　名	**材料力学实验简明教程(第二版)**
主　　编	**佘　斌**
责任编辑	吴　华　　　　　编辑热线　025-83596997
照　　排	南京理工大学资产经营有限公司
印　　刷	江苏凤凰通达印刷有限公司
开　　本	787×1 092　1/16　印张 4.75　字数 116 千
版　　次	2016 年 11 月第 2 版　2018 年 8 月第 2 次印刷
印　　数	3601～6600
ISBN	978-7-305-17487-2
定　　价	13.80 元(含实验报告)

网　　址：http://www.njupco.com
官方微博：http://weibo.com/njupco
微信服务号：njuyuexue
销售咨询热线：(025)83594756

* 版权所有，侵权必究
* 凡购买南大版图书，如有印装质量问题，请与所购
　图书销售部门联系调换

内 容 提 要

本书是根据教育部高等学校力学教学指导委员会力学基础课程教学指导分委员会编制的《理工科非力学专业力学基础课程教学基本要求(试行)(2012年版)》中材料力学课程教学基本要求(B类)中的实验教学基本要求编写的,适用于高等院校工科机械、土木、装备、机电、汽车、车辆、材料、高分子、金属材料工程、交通工程、环境工程、纺织工程、工程管理、给排水、城市地下空间工程、建筑学等专业的材料力学、工程力学和建筑力学课程实验的教学,也可供成人教育学院、民办独立学院、自学者以及工程技术人员参考。

本书由绪论、基本实验指导、附录和实验报告四部分组成。

绪论部分包括材料力学课程实验的作用与任务、材料力学课程实验的基础知识和材料力学课程实验教学项目及其教学要求。

基本实验指导部分包括拉伸实验、压缩实验、实心圆截面杆扭转实验、矩形截面梁纯弯曲正应力实验、薄壁圆筒弯扭组合变形时主应力测量实验、等强度梁桥路变换接线实验、薄壁圆筒弯扭组合变形时内力分量测量实验和槽型截面梁弯曲中心及应力测量设计性实验等八个实验指导。

附录部分包括微机控制电子式万能试验机、液压式万能试验机、TNS-J02型数显式扭转试验机和TS3861型静态数字电阻应变仪等设备的介绍和使用说明。

实验报告单独成册,包括七个基本实验的实验报告。

学生实验须知

1. 进实验室前应认真预习,必须了解实验内容、目的、原理和步骤以及仪器设备的主要工作原理。

2. 按实验课表指定时间准时进入实验室,不得迟到、早退。实验过程中不得擅自离开实验室。

3. 进入实验室后,必须保持实验室内的整洁和安静。

4. 非指定使用的仪器设备不得擅自动手。对实验中使用的仪器设备在尚未了解其使用方法之前不要使用,以免发生事故。

5. 实验过程中,若未按操作规程操作仪器设备导致损坏者,将按学校有关规定进行处理。

6. 在实验中,同组同学要相互配合,认真测量和记录实验数据。

7. 实验完毕,应将仪器、工具等物品恢复原状,并做好清洁工作。如仪器设备有损坏情况,应及时向指导教师报告。

8. 实验数据必须经过指导教师认可后方能离开实验室。

9. 实验过程中如有严重违反实验规则者,指导教师有权中止其实验,该实验以零分计,并报学校另行处理。

10. 实验报告要求内容齐全、字迹工整、绘图清晰、实验结果正确。

前　　言

材料力学实验是为了培养工程技术人员必须具备的实验知识和测试技能，为从事强度测试工作提供必要的基础。

根据材料力学、工程力学和建筑力学课程实验教学大纲的要求，并结合我校材料力学实验室的实际情况，我们编写了此实验教材，并附实验报告。本书是根据教育部高等学校力学教学指导委员会力学基础课程教学指导分委员会编制的《理工科非力学专业力学基础课程教学基本要求(试行)(2012年版)》中材料力学课程教学基本要求(B类)中的实验教学基本要求编写的，适用于工科机械、土木、装备、机电、汽车、车辆、材料、高分子、金属材料工程、交通工程、环境工程、纺织工程、工程管理、给排水、城市地下空间工程、建筑学等专业。

本书由佘斌编写绪论、实验1-1、实验2-1、实验3、实验4、实验5、实验6、实验7、实验8、附录1、附录3和附录4，程鲲编写实验1-2、实验2-2和附录2，由佘斌统稿并担任主编。第二版由佘斌修订，刘根林、郭磊、蔡中兵、王路珍、孔海陵、严育兵和顾国庆等老师审阅了全部书稿，提出了许多宝贵意见，在此向他们表示由衷的感谢。在编写过程中，编者查阅了大量的参考文献，还参考了一些仪器设备的使用说明书，谨向这些文献的作者表示衷心的感谢。

本书第一版自2012年7月出版以来，经过了四年的使用，收到了良好的效果，同时也发现了不少问题，这次修订做了适当的修改和补充。由于部分设备软硬件做了升级，因此相关内容做了更改。由于编者水平的限制，书中还可能出现错误和不足之处，欢迎广大师生提出宝贵意见。

编者
2016年5月

目 录

第一部分 绪 论 ··· 1

第二部分 基本实验指导 ··· 3
   实验1-1 拉伸实验(电子式万能试验机) ··· 3
   实验1-2 拉伸实验(液压式万能试验机) ··· 7
   实验2-1 压缩实验(电子式万能试验机) ··· 11
   实验2-2 压缩实验(液压式万能试验机) ··· 13
   实验3 实心圆截面杆扭转实验 ·· 15
   实验4 矩形截面梁纯弯曲正应力实验 ··· 18
   实验5 薄壁圆筒弯扭组合变形时主应力测量实验 ··· 21
   实验6 等强度梁桥路变换接线实验 ·· 23
   实验7 薄壁圆筒弯扭组合变形时内力分量测量实验 ······································· 26
   实验8 槽型截面梁弯曲中心及应力测量设计性实验 ······································· 30

附录1 微机控制电子式万能试验机 ·· 31
附录2 液压式万能试验机 ·· 40
附录3 TNS-J02型数显式扭转试验机 ·· 42
附录4 TS3861型静态数字电阻应变仪 ·· 45

参考文献 ··· 47

第一部分　绪　论

一、材料力学课程实验的作用与任务

材料力学实验是材料力学课程教学中的一个重要环节。材料力学理论的验证、强度计算中材料极限应力的测定,无不以严格的实验为基础。当然,实验课题的提出、实验方案的设计和实验结果的分析也必须应用已有的理论。事实表明,材料力学是在实验和理论两方面相互推动下发展起来的一门学科。因此,实验和理论同样重要,不可偏于一方。

材料力学实验的任务,大致可归纳为以下三个方面:

1. 测定材料的力学性能

材料的力学性能是强度计算和评定材料性能的主要依据。通过材料力学实验,训练学生按操作规程测试专项实验数据的能力。

2. 验证材料力学理论的正确性

根据理论和实践相统一的原则,建立理论必须以实验为基础。由实际构件抽象为理想模型,再经过假设、推导所建立的理论,还必须通过实验来验证其正确性。

3. 实验应力分析

实验应力分析是用实验方法测定构件中的应力和应变的学科,是解决工程强度问题的另一有效的途径。用实验应力分析方法获得的结果,不但直接,而且可靠,已成为寻求最佳方案、合理使用材料、挖掘现有设备潜力以及验证和发展理论的有力工具。这类实验往往应用新的科学技术,使用先进的科学仪器,可以解决理论计算难以解决的问题。

二、材料力学课程实验的基础知识

在常温、静载条件下,材料力学实验所涉及的物理量并不多,主要是测量作用在试件上的载荷和试件的变形。载荷一般要求较大,由几十千牛到几百千牛,故加力设备较大;而变形则很小,绝对变形可以小到千分之一毫米,相对变形(应变)可以小到$10^{-5} \sim 10^{-6}$,因而变形测量设备必须精密。

为了保证实验能有效地进行,使各个实验项目都能贯彻其教学要求,获得较好的教学效果,就应积极认真地做好实验中的各个环节。完整的实验过程,通常可分为实验前的准备、进行实验和书写实验报告三个环节。

1. 实验前的准备

实验前的准备工作,是顺利进行实验、获得较多收益的保证。

围绕实验的内容一般有如下要求:

(1)明确实验的目的和要求。

(2)弄懂实验原理。

(3) 了解试验机和仪器的操作规程和注意事项。

(4) 掌握实验步骤。

(5) 做好人员分工。

2. 进行实验

(1) 进行实验是实验过程的中心环节。进入实验室后必须遵守实验室规则。各组分别清点人数,汇报实验前的准备工作。

(2) 按照分工,各就各位。仔细看清教师的示范讲解,记住操作要领和注意事项,将试验机和测试仪器调整到待机工作状态。

(3) 观察试验机、仪器运行是否正常。熟悉加载、测读和记录人员之间的协调配合。经指导教师同意,正式进行实验。

(4) 测试数据。其误差应在规定范围内,否则重做。实验数据必须经过指导教师审阅,并在记录纸上签字,作为书写实验报告的依据。检查其他数据是否齐全,不要遗漏。

(5) 结束工作。清理实验设备,将一切机构恢复原位,使用的仪器、量具及用具都应归还原处,养成善始善终的习惯,在指导教师的允许下方可离开实验室。

3. 书写实验报告

实验报告是以书面形式汇报整个实验成果,是实验资料的总结,也是评定实验成绩的重要依据。

实验报告要求记载清楚,数据完整,计算无误,满足精度,结论明确,文字简练、确切,字迹工整、整洁,绘图应符合要求等。

三、材料力学课程实验教学项目及其教学要求

序号	实验项目名称	学时	教学目标、要求
1	拉伸实验	2	测量低碳钢和铸铁的拉伸力学性能,熟悉万能试验机的使用方法。
2	压缩实验	1	测量铸铁的压缩力学性能,比较铸铁拉伸和压缩强度。
3	实心圆截面杆扭转实验	1	测量低碳钢和铸铁的扭转力学性能,熟悉扭转试验机的使用方法。
4	矩形截面梁纯弯曲正应力实验	2	测量矩形截面梁纯弯曲时的正应力,熟悉应变仪的使用方法。
5	薄壁圆筒弯扭组合变形时主应力测量实验	2	测量薄壁圆筒弯扭组合变形时的主应力,了解主应力测量的方法。
6	等强度梁桥路变换接线实验	2	测量等强度梁上已粘贴应变片处的应变,掌握应变片在测量电桥中的各种接线方法。
7	薄壁圆筒弯扭组合变形时内力分量测量实验	2	测量薄壁圆筒在弯扭组合变形作用下,分别由弯矩、剪力和扭矩所引起的应力,并确定内力分量弯矩、剪力和扭矩的实验值。
8	槽型截面梁弯曲中心及应力测量设计性实验	4	根据槽型截面梁上已粘贴的应变片对其进行测量,自行设计实验方案,根据实验方案确定组桥和加载方式等。
	合　　计	16	

第二部分 基本实验指导

扫一扫可见
实验视频

实验 1-1 拉伸实验(电子式万能试验机)

【实验目的】

1. 测定低碳钢拉伸时的屈服极限 σ_s、强度极限 σ_b、延伸率 δ 和断面收缩率 ψ。
2. 测定铸铁拉伸时的强度极限 σ_b,并绘制铸铁试件的拉伸曲线。
3. 观察低碳钢试件在拉伸过程中的各种现象(包括屈服、强化和颈缩等),并绘制拉伸曲线。
4. 观察并比较低碳钢和铸铁在拉伸时的变形和破坏现象。

【实验仪器设备】

1. 万能试验机。微机控制电子式万能试验机,型号:WDW-100D 或 E。(参见附录1)
2. 游标卡尺,精度:0.02 mm。
3. 钢尺,精度:1 mm。
4. 划线笔。

【实验原理与方法】

材料拉伸时的力学性能指标 σ_s、σ_b、δ 和 ψ 可按下列公式计算:

屈服极限 $\qquad \sigma_s = \dfrac{F_s}{A_0}$ (单位:MPa)

强度极限 $\qquad \sigma_b = \dfrac{F_b}{A_0}$ (单位:MPa)

延伸率 $\qquad \delta = \dfrac{l_1 - l_0}{l_0} \times 100\%$

断面收缩率 $\qquad \psi = \dfrac{A_0 - A_1}{A_0} \times 100\%$

式中:F_s 表示屈服载荷(荷载),F_b 表示最大载荷(荷载),A_0 表示试件的最小横截面面积,l_0 表示拉伸前的初始标距,l_1 表示拉断后标距段的长度,A_1 表示断口的最小横截面面积。

【实验步骤及注意事项】

1. 注意事项

(1) 整个实验过程中,所有实验人员应在万能试验机的正面观察实验,不得随意到试验机的反面去。

(2) 实验过程中,出现异常现象时,应立刻停机。

(3) 实验开始后中途不得停止。

2. 试件准备

试件的尺寸和形状对测试结果会有影响。为避免这种影响,使各种材料的力学性能可以相互比较,测试时应采用统一的试件尺寸与形状,即采用标准试件(或比例试件)。

国家标准中有几种标准试件规定,本实验中低碳钢与铸铁都采用实心圆截面长试件(因 $l_0 = 10d_0$,故也称 10 倍试件),试件中段用于分析拉伸变形的杆段称为"标距",其初始长度(初始标距)用 l_0 表示,试件初始直径用 d_0 表示(如图 1-1)。

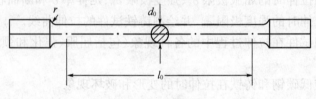

图 1-1 拉伸试件

3. 低碳钢试件测试

(1) 试件初始尺寸测量。

最小直径 d_0:用游标卡尺在试件有效部分中部及接近端部的三个截面处分别测量,每处在相互垂直的两个方位各测量一次,计算每处的平均直径,取平均直径最小的一处作为最小直径 d_0,用其计算最小横截面面积 A_0。

初始标距 l_0:用划线笔先在试件中部平行于轴线画一条直线,再在试件中段表面沿此直线每隔 10 mm 作记号线,将 l_0 分为 10 小格,以便分析拉伸后的变形分布情况,用游标卡尺的内刀刃测量 10 个格子的总长度作为 l_0。(铸铁试件不需要划线,也不需要测量 l_0。)

(2) 试验机准备。

接通电源,打开显示器与计算机,使计算机进入 Windows 7 操作系统,启动 SmartTest 电子式万能试验机测控软件;打开试验机电源开关,按下试验机的启动按钮,预热试验机 30 min;在软件中选择试验方法,再按下测控软件中的调零按钮进行试验机的试验力调零;打开软件中的数据板,输入相应的数据。

(3) 安装试件。

转动上夹头的开合手柄,将试件先夹在上夹头内,再调节下夹头到适当位置,把试件下端夹住。(注意:安装试件时,应将试件大头部分全部放入夹头内;上、下夹头都夹住试件时,禁止再调节下夹头的位置。试件夹住就行,不必夹得过紧,因为拉伸时夹头本身是越拉越紧的,过分用力夹紧可能会导致夹头销钉断裂。)

(4) 试件加载。

先用 2 mm/min 的慢速加载(试验开始前,一定要检查速度档是否在 2 mm/min 档,如果不是,一定要选择 2 mm/min 的速度档),使试件缓慢而均匀地拉伸。当实验曲线出现波动时,表明材料此时发生屈服,过了屈服阶段后,可将速度缓慢调至 5 mm/min(可使用速度调节滑块,将滑块从最左边缓慢拖至最右边,不可直接点 5 mm/min 档位)),最大速度不能超过10 mm/min,试件拉断后试验机一般会自动停机,并弹出数据板;也可能不自动停机,这时需要人工停机,同时自动弹出数据板。电子式万能试验机实验时会自动记录数据,可在数据板上读出相关数据。

(5) 试件断后尺寸测量(铸铁试件没有这一步)。

取回拉断后的两段试件,测量断后标距 l_1 和断口处直径 d_1。

① l_1 的确定。

由于各处残余变形不均匀,愈接近断口处,变形愈显著,因此按下述方法确定 l_1:

➤ 直接法(如图 1-2):如果断口在标距的中部区段内(10 格中的中部 4 格区域),则直接测量断后标距两端的长度作为 l_1。

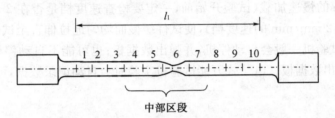

图 1-2　直接法测量断后标距

测量方法:一人用双手拿住试件的两段,在断口处紧密对齐,使两段试件的轴线位于同一直线上,另一人用游标卡尺的内刀刃进行测量。

➤ 移中法(如图 1-3):如果断口在标距的中部区段之外,需将断口修正至中间位置后测量。

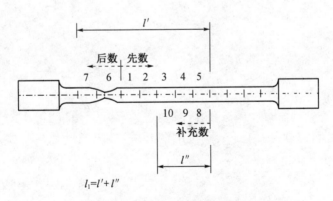

图 1-3　移中法测量断后标距

测量方法:从较长一段试件邻近断口的记号线起,先向远离断口方向数 5 格,作为第 1 格~第 5 格,然后将断口所处的一格作为第 6 格,继续反向数完较短一段试件的格子,数得的格子数不足 10 格,则由刚才数到的第 5 格往断口方向数(含第 5 格),补充数到第 10 格,将这 10 格的长度作为 l_1。

② d_1 的测量。

一人用双手拿住试件的两段,在断口处紧密对齐,使两段试件的轴线位于同一直线上,另一人用游标卡尺在断口处互相垂直的两个方位各测一次直径,取其平均值作为 d_1,用其计算断口处的最小横截面面积 A_1。

4. 铸铁试件测试

(1) 试件初始尺寸测量。

测量 d_0:方法同低碳钢试件测试。

(2) 试验机准备。

同低碳钢试件测试。

(3) 安装试件。

同低碳钢试件测试。

(4) 试件加载。

用 2 mm/min 的慢速加载(试验开始前,一定要检查速度档是否在 2 mm/min 档,如果不是,一定要选择 2 mm/min 的速度档),使试件缓慢而均匀地拉伸直至试件拉断(中途不调速),试件拉断后试验机一般会自动停机,并弹出数据板;也可能不自动停机,这时需要人工停机,同时自动弹出数据板。电子式万能试验机实验时会自动记录数据,可在数据板上读出相关数据。

(5) 关机。

先按红色蘑菇按钮关试验机,再关闭试验机电源,最后关闭测控软件。

5. 仪器设备整理

整理好游标卡尺、钢尺、划线笔等。

实验 1-2 拉伸实验(液压式万能试验机)

【实验目的】

1. 测定低碳钢拉伸时的屈服极限 σ_s、强度极限 σ_b、延伸率 δ 和断面收缩率 ψ。
2. 测定铸铁拉伸时的强度极限 σ_b。
3. 观察低碳钢试件在拉伸过程中的各种现象(包括屈服、强化和颈缩等)。
4. 观察并比较低碳钢和铸铁在拉伸时的变形和破坏现象。

【实验仪器设备】

1. 万能试验机。液压式万能试验机,型号:WE-10 A;精度:采用 0.20 kN/格。(参见附录2)
2. 游标卡尺,精度:0.02 mm。
3. 钢尺,精度:1 mm。
4. 划线笔。

【实验原理与方法】

材料拉伸时的力学性能指标 σ_s,σ_b,δ 和 ψ 可按下列公式计算:

屈服极限 $\qquad \sigma_s = \dfrac{F_s}{A_0}$ (单位:MPa)

强度极限 $\qquad \sigma_b = \dfrac{F_b}{A_0}$ (单位:MPa)

延伸率 $\qquad \delta = \dfrac{l_1 - l_0}{l_0} \times 100\%$

断面收缩率 $\qquad \psi = \dfrac{A_0 - A_1}{A_0} \times 100\%$

式中:F_s 表示屈服载荷(荷载),F_b 表示最大载荷(荷载),A_0 表示试件的最小横截面面积,l_0 表示拉伸前的初始标距,l_1 表示拉断后标距段的长度,A_1 表示断口的最小横截面面积。

【实验步骤及注意事项】

1. 注意事项

(1) 整个实验过程中,所有实验人员应在万能试验机的正面观察实验,不得随意到试验机的反面去。

(2) 实验过程中,出现异常现象时,应立刻停机。

(3) 开机前和停机后,液压式万能试验机送油阀一定要在关闭位置;加载、卸载和回油均应缓慢进行。

(4) 加载过程中及拉伸试件夹住时,不得调节下夹头的位置,否则容易损伤机件,且夹头可能会发生"自锁",即夹头无法打开。

(5) 机器运转时不得触动摆锤。

2. 试件准备

试件的尺寸和形状对测试结果会有影响。为避免这种影响,使各种材料的力学性能可以相互比较,测试时应采用统一的试件尺寸与形状,即采用标准试件(或比例试件)。

国家标准中有几种标准试件规定,本实验中低碳钢与铸铁都采用实心圆截面长试件(因 $l_0 = 10d_0$,故也称 10 倍试件),试件中段用于分析拉伸变形的杆段称为"标距",其初始长度(初始标距)用 l_0 表示,试件初始直径用 d_0 表示(如图 1-4)。

图 1-4 拉伸试件

3. 低碳钢试件测试

(1) 试件初始尺寸测量。

最小直径 d_0:用游标卡尺在试件中部及接近端部的三个截面处分别测量,每处在相互垂直的两个方位各测量一次,计算每处的平均直径,取最小的一处作为最小直径 d_0,用其计算最小横截面面积 A_0。

初始标距 l_0:用划线笔先在试件中部平行于轴线划一条直线,再在试件中段表面沿此直线每隔 10 mm 作记号线,将 l_0 分为 10 小格,以便分析拉伸后的变形分布情况,用游标卡尺的内刀刃测量 10 个格子的总长度作为 l_0。(铸铁试件不需要划线,也不需要测量 l_0)

(2) 试验机准备。

首先确认试验机为停机状态。选用 0~100 kN 测力度盘(摆锤:A 锤+B 锤+C 锤);度盘调零(关闭回油阀,开机,打开送油阀加载,使活动台上升 10 mm 左右,停机,旋转水平齿杆使度盘的主动指针指零);逆时针拨动从动指针,使之贴近主动指针。

(3) 安装试件。

扳动上夹头的开合手柄,将试件先夹在上夹头内,再调节下夹头到适当位置,把试件下端夹住。(注意:安装试件时,应将试件大头部分全部放入夹头内;上、下夹头都夹住试件时,禁止再调节下夹头的位置)

(4) 试件加载。

开机(液压式万能试验机先确认从动指针已逆时针贴近主动指针),用慢速加载,使试件缓慢而均匀地拉伸。当主动指针出现摆动、倒退或停止的现象时,表明材料此时发生屈服,记录屈服阶段主动指针所指示的最小载荷 F_s。过了屈服阶段后,可用较大速度加载(加大送油阀),试件拉断后,立刻停机,关闭送油阀,记录从动指针所指示的最大载荷 F_b(断后主动指针回零,而从动指针停留在最大载荷处)。

(5) 试件断后尺寸测量(铸铁试件没有这一步)。

取回拉断后的两段试件,测量断后标距 l_1 和断口处直径 d_1。

① l_1 的确定。

由于各处残余变形不均匀,愈接近断口处,变形愈显著,因此按下述方法确定 l_1:

➢ 直接法(如图 1-5):如果断口在标距的中部区段内(10 格中的中部 4 格区域),则直接测量断后标距两端的长度作为 l_1。

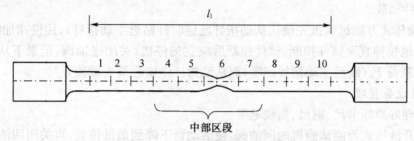

图 1-5 直接法测量断后标距

测量方法:一人用双手拿住试件的两段,在断口处紧密对齐,使两段试件的轴线位于同一直线上,另一人用游标卡尺的内刀刃进行测量。

➢ 移中法(如图 1-6):如果断口在标距的中部区段之外,需将断口修正至中间位置后测量。

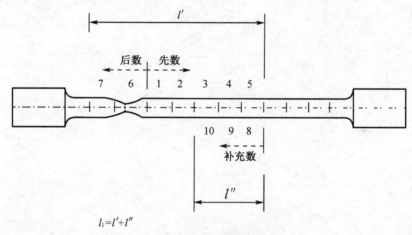

图 1-6 移中法测量断后标距

测量方法:从较长一段试件邻近断口的记号线起,先向远离断口方向数 5 格,作为第 1 格~第 5 格,然后将断口所处的一格作为第 6 格,继续反向数完较短一段试件的格子,数得的格子数不足 10 格,则由刚才数到的第 5 格往断口方向数(含第 5 格),补充数到第 10 格,将这 10 格的长度作为 l_1。

② d_1 的测量。

一人用双手拿住试件的两段,在断口处紧密对齐,使两段试件的轴线位于同一直线上,另一人用游标卡尺在断口处互相垂直的两个方位各测一次直径,取其平均值作为 d_1,用其计算断口处最小横截面面积 A_1。

4. 铸铁试件测试

(1) 试件初始尺寸测量。

测量 d_0:方法同低碳钢试件测试。

（2）试验机准备。

同低碳钢试件测试。

（3）安装试件。

同低碳钢试件测试。

（4）试件加载。

开机（液压式万能试验机先确认从动指针已逆时针贴近主动指针），用慢速加载，使试件缓慢而均匀地拉伸直至试件拉断，试件拉断后应立刻停机，关闭送油阀，记录下从动指针所指示的最大载荷 F_b（断后主动指针回零，而从动指针停留在最大载荷处）。

5. 仪器设备整理

（1）整理好游标卡尺、钢尺、划线笔等。

（2）打开液压式万能试验机的回油阀，使活动台下降到最低位置，再关闭回油阀。

实验 2-1 压缩实验(电子式万能试验机)

【实验目的】

1. 测定铸铁的抗压强度 σ_b。
2. 观察铸铁试件压缩破坏现象,并绘制铸铁试件的压缩曲线。

【实验仪器设备】

1. 万能试验机。微机控制电子式万能试验机,型号:WDW-100 D 或 E。(参见附录 1)
2. 游标卡尺,精度:0.02 mm。

【实验原理与方法】

材料压缩时的力学性能指标 σ_b 可按以下公式计算:

抗压强度 $$\sigma_b = \frac{F_b}{A_0} \text{(单位:MPa)}$$

式中:F_b 表示最大载荷(荷载),A_0 表示试件的最小横截面面积。

【实验步骤及注意事项】

1. 注意事项

(1)整个实验过程中,所有实验人员应在万能试验机的正面观察实验,不得随意到试验机的反面去。

(2)实验过程中,出现异常现象时,应立刻停机。

2. 试件准备

本实验采用圆柱形试件,其初始高度 h 与初始直径 d_0 的比值为 1.5~3(如图2-1)。

3. 试件初始尺寸测量

(1)最小直径 d_0:用游标卡尺在试件的两个截面处分别测量,每处在相互垂直的两个方位各测量一次,计算每处的平均直径,取最小的一处作为最小直径 d_0,用其计算最小横截面面积 A_0。

(2)初始高度 h:用游标卡尺测量初始高度 h。

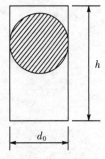

图 2-1 压缩试件

4. 试验机准备

接通电源,打开显示器与计算机,使计算机进入 Windows 7 操作系统,启动 SmartTest 电子万能试验机测控软件;打开试验机电源开关,按下启动按钮,预热试验机 30 min;在软件中选择试验方法,再按下测控软件中的调零按钮进行试验机的试验力调零;打开软件中的数据板,输入相应的数据。

5. 安装试件

将试件两端面涂上润滑剂,放在下垫块(上、下垫块应对齐)的中心。

6. 试件加载

先用 100 mm/min 的速度移动横梁(先选 10 mm/min 的速度移动横梁,再逐步提高运行速度直至 100 mm/min。超过 100 mm/min 的速度严禁使用),使上垫块接近试件,停机后再选择 5～10 mm/min 的低速,使上垫块慢慢接近试件,最后选择 1 或 2 mm/min 的速度开始压缩实验。试件先被压缩成鼓形,最后破裂。试件完全破裂后,试验机一般会自动停机,并弹出数据板;也可能不自动停机,这时需要人工停机,同时自动弹出数据板。电子式万能试验机实验时会自动记录数据,可在数据板上读出相关数据。

7. 仪器设备整理

(1) 整理好游标卡尺。

(2) 取下试件碎片,观察破坏现象,并将上、下垫块用卷纸擦拭干净。

(3) 关机(注意关机顺序)。

实验 2-2 压缩实验(液压式万能试验机)

【实验目的】

1. 测定铸铁的抗压强度 σ_b。
2. 观察铸铁试件压缩破坏现象。

【实验仪器设备】

1. 万能试验机。液压式万能试验机,型号:WE-10 A;精度:采用 0.20 kN/格。(参见附录 2)
2. 游标卡尺,精度:0.02 mm。

【实验原理与方法】

材料压缩时的力学性能指标 σ_b 可按以下公式计算:

抗压强度 $$\sigma_b = \frac{F_b}{A_0} \text{(单位:MPa)}$$

式中:F_b 表示最大载荷(荷载),A_0 表示试件的最小横截面面积。

【实验步骤及注意事项】

1. 注意事项

(1) 整个实验过程中,所有实验人员应在万能试验机的正面观察实验,不得随意到试验机的反面去。

(2) 实验过程中,出现异常现象时,应立刻停机。

(3) 开机前和停机后,液压式万能试验机送油阀一定要在关闭位置;加载、卸载和回油均应缓慢进行。

(4) 机器运转时液压式万能试验机不得触动摆锤。

2. 试件准备

本实验采用圆柱形试件,其初始高度 h 与初始直径 d_0 的比值为 1.5~3(如图 2-2)。

3. 试件初始尺寸测量

(1) 最小直径 d_0:用游标卡尺在试件的两个截面处分别测量,每处在相互垂直的两个方位各测量一次,计算每处的平均直径,取最小的一处作为最小直径 d_0,用其计算最小横截面面积 A_0。

(2) 初始高度 h:用游标卡尺测量初始高度 h。

4. 试验机准备

首先确认试验机为停机状态。选用 0~100 kN 测力度盘(摆锤:A 锤+B 锤+C 锤);

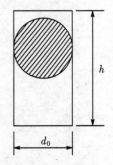

图 2-2 压缩试件

度盘调零(关闭回油阀,开机,打开送油阀加载,使活动台上升 10 mm 以上,停机,旋转水平齿杆使度盘的主动指针指零);逆时针拨动从动指针,使之贴近主动指针。

5. 安装试件

将试件两端面涂上润滑剂,放在活动台垫块(上、下垫块应对齐)的中心。

6. 试件加载

开机(液压式万能试验机先确认从动指针已逆时针贴近主动指针),使活动台上升,当试件接近上垫块时,减小送油阀,减缓活动台的上升速度,以免急剧加载。开始压缩后,注意随时控制送油阀,以低速加载。试件先被压缩成鼓形,最后破裂,试件完全破裂后,立刻停机,记录从动指针所指示的最大载荷 F_b(断后主动指针回零,而从动指针停留在最大载荷处)。

7. 仪器设备整理

(1) 整理好游标卡尺。

(2) 打开液压式万能试验机的回油阀,使活动台下降到底,再关闭回油阀。

(3) 取下试件碎片,观察破坏现象,并将上、下垫块用卷纸擦拭干净。

实验 3 实心圆截面杆扭转实验

【实验目的】

1. 测定低碳钢的剪切屈服极限 τ_s 和剪切强度极限 τ_b。
2. 测定铸铁的剪切强度极限 τ_b。

【实验仪器设备】

1. TNS-J02 型数显式扭转试验机(见附录 3)。
2. 游标卡尺,精度:0.02 mm。

【实验原理与方法】

金属材料的扭转力学性能,对于承受扭转载荷的构件,具有重要的意义。金属材料的扭转力学性能可通过扭转实验来测定。扭转试件(如图 3-1 所示)一般都制成圆柱形,其标距部分的直径 $d_0 = (10 \pm 0.1)$ mm,标距 $l_0 = 100$ mm 或 50 mm。

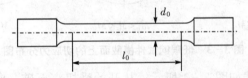

图 3-1 实心圆截面扭转试件

根据纯扭转变形的特点,需要扭转试验机提供使圆柱形试件各截面只绕轴线产生转动的扭矩的力偶。一般扭转试验机都具有被动夹头和能旋转加载的主动夹头,扭转试件装夹于两夹头座中,并使夹头的轴线和试件的轴线重合,这样作用在试件两端的是等值、反向、作用面垂直于轴线的两个力偶,强迫试件产生扭转变形。

如图 3-2 所示,当扭矩达到一定数值时,试件横截面边缘处的切应力开始达到剪切屈服极限 τ_s,这时的扭矩为 M_s,横截面上的应力分布不再是线性的,在圆杆横截面的外边缘处,材料发生屈服,成环形塑性区,同时扭转图变成曲线。此后,随着试件继续扭转变形,塑性区不断向圆心扩展,扭转曲线稍微上升,直至 B 点趋于平坦。扭转曲线摆动的最低点所对应的扭矩即是屈服扭矩 M_s。这时塑性区占据了几乎全部截面。切应力分布图如图 3-3 所示。

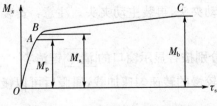

图 3-2 低碳钢试件的扭转图

低碳钢试件的剪切屈服极限近似为

$$\tau_s = \frac{3}{4} \frac{M_s}{W_p}$$

式中：$W_p = \frac{\pi d^3}{16}$，是试件的扭转截面系数。

试件再继续变形，材料进一步强化，达到扭转曲线的 C 点，试件产生断裂，此时对应的最大扭矩为 M_b。

低碳钢试件的剪切强度极限近似为

$$\tau_b = \frac{3}{4} \frac{M_b}{W_p}$$

低碳钢圆截面杆在不同扭矩下切应力分布如图 3-3 所示。

图 3-3　低碳钢试件横截面上的切应力分布图

铸铁试件的扭转曲线如图 3-4 所示。从开始受扭直至破坏，近似为直线，故近似按弹性应力公式计算。

$$\tau_b = \frac{M_b}{W_p}$$

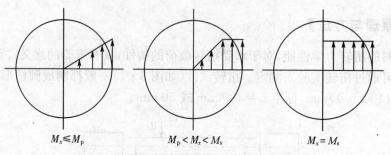

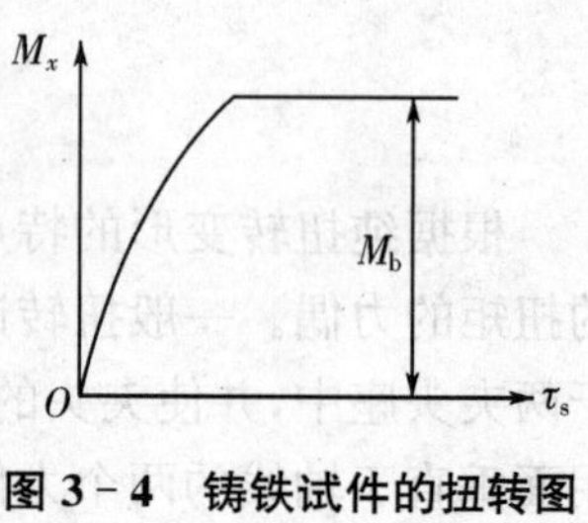

图 3-4　铸铁试件的扭转图

【实验步骤及注意事项】

1. 低碳钢试件扭转破坏实验

(1) 用游标卡尺测量试件最小直径 d_0。

测量方法：用游标卡尺在试件中部及接近端部的三个截面处分别测量，每处在相互垂直的两个方位各测量一次，计算每处的平均直径，取最小的一处作为最小直径 d_0。

(2) 用粉笔在试件表面沿轴向画一条直线，以便观察扭转变形情况。

(3) 打开扭转机电源，预热 20 min。

(4) 安装试件：先装被动夹头，再装主动夹头。注意：安装试件时，应将试件大头部分全部放入夹头内。

(5) 按 总清 键清零或分别按各显示窗口的 清零 键清零。

(6) 开始实验：开始用较慢的转速匀速加载，屈服后可以慢慢加速到较快的转速，匀速加载直至破坏，停止加载。

(7) 取下试件观察变形和破坏现象。
(8) 按 峰值 键读出试验结果。

2. 铸铁试件扭转破坏实验

(1) 用游标卡尺测量试件直径 d_0。测量方法同低碳钢试件扭转实验。
(2) 安装试件：先装被动夹头，再装主动夹头。安装试件时，应将试件大头部分全部放入夹头内。
(3) 按 总清 键清零或分别按各显示窗口的 清零 键清零。
(4) 开始实验：用较慢的转速匀速加载，直至破坏，停止加载。
(5) 取下试件观察破坏现象。
(6) 按 峰值 键读出试验结果。
(7) 关闭扭转机电源。

【实验结果处理】

====report===　　===报告===
Sv　　=0007.10°　　屈服转角=7.10°
Fv　　=046.07 Nm　　屈服扭矩=46.07 N·m
Smax　=0960.45°　　最大转角=960.45°
Fmax　=099.40 Nm　　最大扭矩=99.40 N·m
Date:10-16-08　　日期：2008 年 10 月 16 日

实验 4 矩形截面梁纯弯曲正应力实验

【实验目的】

1. 用电测法测量梁纯弯曲时沿其横截面高度的正应力分布规律。
2. 验证梁纯弯曲时的正应力计算公式。

【实验仪器设备】

1. 多功能组合实验装置(如图 4-1)。
NH-3 型多功能组合实验装置的技术指标如下：
(1) 外形尺寸：(高)1 000 mm×(宽)680 mm×(厚)430 mm；
(2) 整机重量：≤100 kg；
(3) 最大试验力：5 kN；
(4) 最大实验行程：280 mm；
(5) 电源电压：220 V,误差±10%。
此实验装置可开设实验项目包括：
(1) 弯曲正应力分布规律实验；
(2) 弯扭组合变形薄壁筒主应力及内力测量实验；
(3) 等强度梁桥路变换接线实验。

图 4-1 NH-3 型多功能组合实验装置

2. TS3861 型静态数字应变仪(如图 4-2、图 4-3)。

图 4-2 TS3861 型静态数字应变仪正面图

图 4-3 TS3861 型静态数字应变仪背面图

实验 4 矩形截面梁纯弯曲正应力实验

3. TS3863 型力指示器(如图 4-4)。

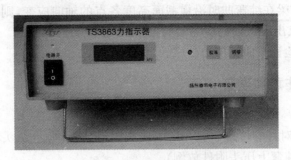

图 4-4　TS3863 型力指示器

4. 纯弯曲实验梁(如图 4-5)。

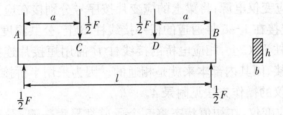

图 4-5　矩形截面梁的受力情况

5. 温度补偿块。

【实验原理与方法】

弯曲梁的材料为钢,其弹性模量 $E=210$ GPa,泊松比 $\nu=0.28$。用手转动实验装置上面的加力手轮,使四点弯曲上压头压住实验梁,则梁的中间段承受纯弯曲。根据平面假设和纵向纤维间无挤压的假设,可得到纯弯曲正应力计算公式为

$$\sigma = \frac{M}{I_z}y$$

式中:M 为弯矩,I_z 为横截面对中性轴的惯性矩,y 为所求应力点至中性轴的距离。由上式可知,正应力沿横截面高度按线性规律变化。

实验时采用螺旋推进的机械加载方法,可以连续加载,载荷大小由带压力传感器的力指示器(如图 4-4)读出。当增加压力 ΔF 时,梁的四个受力点处分别增加作用力 $\Delta F/2$,如图 4-6 所示。

为了测量梁纯弯曲时横截面上正应力分布规律,在梁纯弯曲段某截面的侧面沿轴线方向布置了 5 片应变片(如图 4-6),应变片的电阻 $R=120\ \Omega$,灵敏系数 $K=2.08$,梁横截面宽度 $b=9.5$ mm,高度 $h=40$ mm,梁支座到上压头作用点的距离 $a=130$ mm。各应变片的分布为:3#在 1/2 处,2#、4#在上下对称于 3#的 1/4 处,1#、

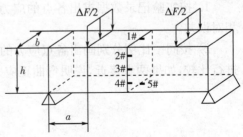

图 4-6　矩形截面梁的受力和贴片情况

5#在弯曲梁的上下表面。

如果测得纯弯曲梁在纯弯曲时沿横截面高度各点的轴向应变,则由单向应力状态的胡克定律 $\sigma = E\varepsilon$,可求出各点处的应力实验值,得到正应力分布规律。将应力实验值与应力理论值进行比较,以验证弯曲正应力公式。

【实验步骤及注意事项】

1. 实验步骤

(1) 在矩形梁上对称的位置放置纯弯上压头附件(将纯弯上压头附件上的滚珠对应压头的中心,切不可将纯弯上压头附件放倒)。

(2) 预热。打开力指示器和应变仪的电源开关预热 30 min。(注意:力指示器在整个实验过程中不能关闭)

(3) 接线。关闭应变仪电源;将梁上的应变片按序号分别接在应变仪上的 1~5 号通道的接线柱 A 上,0 号线接在 1~5 号通道的任一接线柱 B 上,公共温度补偿片接在 1~6 号通道的任一通道的接线柱 B,C 上,相应电桥的接线柱 B 需用短接片连接起来,而各接线柱 C 之间不必用短接片连接,因其内部本来就是相通的。因为采用半桥接线法,故应变仪应处于半桥测量状态。应变仪的操作方法见附录 4。

(4) 检查。打开应变仪,在初值状态将 5 个通道都显示一遍,看看是否有稳定的数值。如没有稳定的数值或闪烁,说明接线有问题,需要重新接线,直至 5 个通道都有稳定的数值。

(5) 调零。将力指示器的数值加到 $F_0 = 0.5$ kN,在初值状态将 5 个通道都显示一遍,再按测量按钮改变到测量状态,再将 5 个通道都显示一遍,看看 5 个通道是否在 ±2 以内。如某点不在 ±2 以内,则该点再回初值状态显示一下,再切换到测量状态,这时一般在 ±2 以内。

(6) 测量。在测量状态,$\Delta F = 0.5$ kN,$F_{\max} = 2.5$ kN,分四次加载,实验时逐级加载,并记录各应变片在各级载荷作用下的读数应变。

(7) 整理。测量结束后,先卸载,再关机,最后拆线。将纯弯上压头附件放入抽屉。

2. 注意事项

(1) 在接线和调整线时应关闭应变仪。

(2) 各点 B 柱需用金属条连接,每个 B 接线柱都需拧紧。

(3) 在实验过程中,力指示器电源不能关。

【实验结果处理】

1. 按实验记录数据求出各点的应力实验值,并计算出各点的应力理论值,算出它们的相对误差。

2. 按同一比例分别画出各点应力的实验值和理论值沿横截面高度的分布曲线,将两者进行比较,如果两者接近,说明弯曲正应力的理论分析是可行的。

实验 5　薄壁圆筒弯扭组合变形时主应力测量实验

【实验目的】

1. 了解用电测法测定平面应力状态下主应力的大小及方向的方法。
2. 用电测法测定平面应力状态下主应力的大小及方向,并与理论值进行比较。

【实验仪器设备】

1. 多功能组合实验装置(如图 5-1)。

图 5-1　多功能组合实验装置

2. TS3863 型力指示器(如图 4-4)。
3. 弯扭组合变形实验梁(如图 5-1)。
4. TS3861 型数字应变仪(如图 4-2、图 4-3)。
5. 温度补偿块。

【实验原理与方法】

弯扭组合薄壁圆筒实验梁是由薄壁圆筒、扇臂、手轮、旋转支座等组成。实验时,转动手轮,加载螺杆和压力传感器都向下移动,当压头与扇臂端接触后,压力传感器就有压力电信号输出,此时力指示器显示出作用在扇臂端的载荷值。扇臂端的作用力传递到薄壁圆筒上,使圆筒产生弯扭组合变形。

薄壁圆筒材料为钢,其弹性模量 $E=210\,\mathrm{GPa}$,泊松比 $\nu=0.28$,圆筒外径 $\Phi=35\,\mathrm{mm}$,壁厚 $h=2\,\mathrm{mm}$,$L_1=155\,\mathrm{mm}$,$L_2=165\,\mathrm{mm}$,如图 5-2 所示。

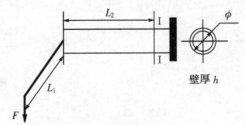

图 5-2　薄壁圆筒受力图

薄壁圆筒弯扭组合变形受力情况如图 5-2 所示。截面 I—I 为被测位置，由材料力学可知，该截面上的内力有弯矩、剪力和扭矩。取其前、后、上、下的 A,C,B,D 为四个被测点，其应力状态如图 5-3 所示，每点处按 $-45°,0°,+45°$ 方向粘贴一个三轴 45°应变花（如图5-4），应变花中各应变片的电阻 $R=120\ \Omega$，灵敏系数 $K=2.08$。

受弯扭组合变形作用的薄壁圆筒其表面上的点处于平面应力状态，先用应变花测出三个方向的线应变，然后运用应力—应变换算关系可求出主应力的大小和方向。

参考三轴 45°应变花的计算结果，根据被测点三个方向的应变值 $\varepsilon_{-45},\varepsilon_0,\varepsilon_{45}$，可得到主应力计算公式为

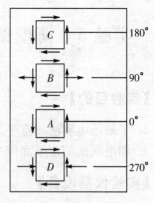

图 5-3　$ABCD$ 点的应力状态

$$\left.\begin{array}{l}\sigma'\\ \sigma''\end{array}\right\}=\frac{E}{1-\nu^2}\left[\frac{1+\nu}{2}(\varepsilon_{-45}+\varepsilon_{45})\pm\frac{1-\nu}{\sqrt{2}}\sqrt{(\varepsilon_{-45}-\varepsilon_0)^2+(\varepsilon_0-\varepsilon_{45})^2}\right] \quad (5-1)$$

$$\tan 2\alpha_0=\frac{\varepsilon_{45}-\varepsilon_{-45}}{2\varepsilon_0-\varepsilon_{-45}-\varepsilon_{45}} \quad (5-2)$$

【实验步骤及注意事项】

（1）将压力传感器电源及信号线与数字力指示器连接。
（2）打开数字力指示器及应变仪电源，检查仪器的工作是否正常。
（3）将 A,B,C,D 各点的应变片按半桥接线法依次接入应变仪进行单臂测量，各应变片共用 2 个公共温度补偿片。
（4）预加载荷 0.2 kN，应变仪调零，或记录应变仪的初读数，再按 0.4 kN，0.6 kN，0.8 kN，1.0 kN 分级加载，并记录各级载荷下应变仪的读数应变。

【实验结果处理】

算出 A,B,C,D 四点的主应力大小及方向的实验值。

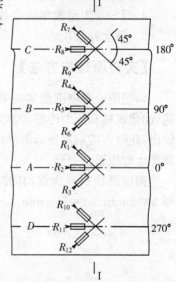

图 5-4　薄壁圆筒布片图

实验 6　等强度梁桥路变换接线实验

【实验目的】

1. 熟悉测量电桥的应用,掌握应变片在测量电桥中的各种接线方法。
2. 测量等强度梁上已粘贴应变片处的应变,验证等强度梁各横截面上的应变(应力)相等。

【实验仪器设备】

1. TS3861 型静态数字应变仪(如图 4-2、图 4-3)。
2. TS3863 型力指示器(如图 4-4)。
3. 多功能组合实验装置(如图 6-1)。

图 6-1　多功能组合实验装置

4. 等强度实验梁(如图 6-2)。

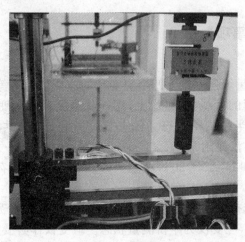

图 6-2　等强度梁

5. 温度补偿块。

【实验原理与方法】

桥路变换接线实验在等强度实验梁上进行。等强度梁材料为钢,弹性模量 $E=210\,\text{GPa}$。在梁的上、下表面沿轴向各粘贴两个应变片,应变片的电阻 $R=120\,\Omega$,灵敏系数 $K=2.08$,如图 6-3 所示。

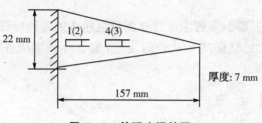

图 6-3 等强度梁简图

在图 6-4 的测量电桥中,若在四个桥臂上接入规格相同的电阻应变片,它们的电阻值为 R,灵敏系数为 K。当构件变形后,各桥臂电阻的变化分别为 $\Delta R_1, \Delta R_2, \Delta R_3, \Delta R_4$,它们所感受的应变相应为 $\varepsilon_1, \varepsilon_2, \varepsilon_3, \varepsilon_4$,则 BD 端的输出电压为

$$U_{BD} = \frac{U_{AC}}{4}\left(\frac{\Delta R_1}{R} - \frac{\Delta R_2}{R} - \frac{\Delta R_3}{R} + \frac{\Delta R_4}{R}\right)$$

$$= \frac{U_{AC}K}{4}(\varepsilon_1 - \varepsilon_2 - \varepsilon_3 + \varepsilon_4)$$

$$= \frac{U_{AC}K}{4}\varepsilon_d \tag{6-1}$$

由此可得应变仪的读数应变为

$$\varepsilon_d = \varepsilon_1 - \varepsilon_2 - \varepsilon_3 + \varepsilon_4 \tag{6-2}$$

在实验中采用了四种不同的桥路接线方法,其读数应变与被测点应变间的关系均可按 (6-2)式进行分析。

【实验步骤及注意事项】

1. 单臂半桥测量

采用半桥接线法,测量等强度梁上四个应变片的应变值。将等强度梁上每一个应变片分别接在应变仪不同通道的接线柱 A,B 上,用一片温度补偿应变片接在应变仪的接线柱 B,C 上,并使应变仪处于半桥测量状态。各应变片共用 1 个公共温度补偿片。TS3861 型静态数字应变仪的操作方法见附录 4。

加载方法:取 $F_0=10\,\text{N}, \Delta F=20\,\text{N}, F_{\max}=90\,\text{N}$,记录各级载荷作用下的读数应变。

2. 双臂半桥测量

采用半桥接线法。选择等强度梁上、下表面各一片应变片,分别接在应变仪的任一通道的接线柱 A,B 和 B,C 上,应变仪为半桥测量状态。应变仪作必要的调节后,按步骤 1 的方法加载并记录读数应变。

3. 相对两臂全桥测量

采用全桥接线法。选择等强度梁上表面(或下表面)两个应变片,分别接在应变仪的任

一通道的接线柱 A,B 和 C,D 上，再将两个温度补偿片分别接到该通道的 B,C 和 A,D 接线柱上，应变仪为全桥测量状态。应变仪作必要调节后，按步骤 1 的方法进行实验。

4. 四臂全桥测量

采用全桥接线法。将等强度梁上的四个应变片有选择地接到应变仪的任一通道的接线柱 A,B,C,D 之间，此时应变仪仍然处于全桥测量状态。应变仪作必要的调节后，按步骤 1 的方法进行实验。

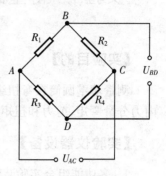

图 6-4 测量电桥

【实验结果处理】

1. 求出各种桥路接线方式所测得的梁的应变值，并计算它们与理论应变值的相对误差。
2. 比较各种桥路接线方式的测量灵敏度。

【思考题】

分析各种桥路接线方式中温度补偿的实现方式。

实验7　薄壁圆筒弯扭组合变形时内力分量测量实验

【实验目的】

测量薄壁圆筒在弯扭组合变形作用下，分别由弯矩、剪力和扭矩所引起的应力，并确定内力分量弯矩、剪力和扭矩的实验值。

【实验仪器设备】

1. 多功能组合实验装置(如图7-1)。

图7-1　多功能组合实验装置

2. TS3863型力指示器(如图4-4)。
3. 弯扭组合变形实验梁(如图7-1)。
4. TS3861型数字应变仪(如图4-2、图4-3)。
5. 温度补偿块。

【实验原理与方法】

弯扭组合薄壁圆筒实验梁是由薄壁圆筒、扇臂、手轮、旋转支座等组成。实验时，转动手轮，加载螺杆和压力传感器都向下移动，当压头与扇臂端接触后，压力传感器就有压力电信号输出，此时力指示器显示出作用在扇臂端的载荷值。扇臂端的作用力传递到薄壁圆筒上，使圆筒产生弯扭组合变形。

薄壁圆筒材料为钢，其弹性模量 $E=210$ GPa，泊松比 $\nu=0.28$，圆筒外径 $\Phi=35$ mm，壁厚 $h=2$ mm，$L_1=155$ mm，$L_2=165$ mm，如图7-2所示。

薄壁圆筒弯扭组合变形受力图如图7-2所示。截面Ⅰ—Ⅰ为被测位置，由材料力学可知，该截面上的内力有弯矩、剪力和扭矩。取其前、后、上、下的

图7-2　薄壁圆筒受力图

实验 7　薄壁圆筒弯扭组合变形时内力分量测量实验

A,C,B,D 为四个被测点,其应力状态如图 7-3 所示。每点处按 $-45°,0°,+45°$ 方向粘贴一个三轴 $45°$ 应变花(如图 7-4(a)),应变花中各应变片的电阻 $R=120\ \Omega$,灵敏系数 $K=2.08$。

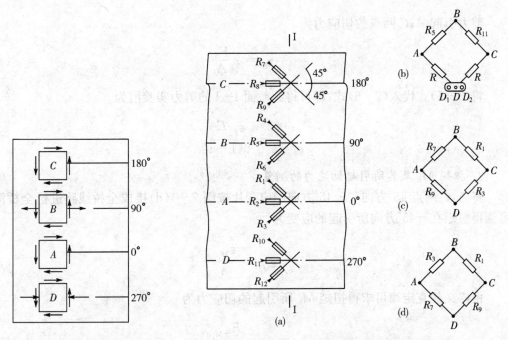

图 7-3　ABCD 点的应力状态　　　　图 7-4　薄壁圆筒布片及接线图

1. 弯矩 M 及其所引起的正应力的测量

将 B,D 两被测点 $0°$ 方向的应变片按图 7-4(b) 接成半桥线路进行半桥测量,由应变仪读数应变 ε_{Md},即可得到 B,D 两点由弯矩引起的轴向应变

$$\varepsilon_M = \frac{\varepsilon_{Md}}{2} \tag{7-1}$$

由胡克定律可求得弯矩 M 引起的正应力

$$\sigma_M = E\varepsilon_M = \frac{E\varepsilon_{Md}}{2} \tag{7-2}$$

将 (7-2) 式代入式 $\sigma_M = \dfrac{M}{W}$ 中,可得到截面 I—I 的弯矩实验值为

$$M = \frac{\varepsilon_{Md} EW}{2} \tag{7-3}$$

2. 剪力 F_S 及其所引起的切应力的测量

将 A,C 两点 $45°$ 方向和 $-45°$ 方向的应变片按图 7-4(c) 接成全桥线路进行全桥测量,可测得剪力 F_S 在 $45°$ 方向所引起的应变为

$$\varepsilon_{F_S} = \frac{\varepsilon_{F_S d}}{4} \tag{7-4}$$

由广义胡克定律可求得剪力 F_S 所引起的切应力为

$$\tau_{F_S} = \frac{E\varepsilon_{F_S d}}{4(1+\nu)} \tag{7-5}$$

剪力引起 A,C 两点的切应力为

$$\tau_S = 2\frac{F_S}{A} \tag{7-6}$$

将(7-5)式代入(7-6)式,即可得到截面 I—I 的剪力实验值为

$$F_S = \frac{\varepsilon_{F_S} EA}{8(1+\nu)} \tag{7-7}$$

3. 扭矩 M_x 及其所引起切应力的测量

将 A,C 两点 45°方向和−45°方向的应变片按图 7-4(d)接成全桥线路进行全桥测量,可测得扭矩在−45°方向所引起的应变为

$$\varepsilon_{M_x} = \frac{\varepsilon_{M_x d}}{4} \tag{7-8}$$

由广义胡克定律可求得扭矩 M_x 所引起的切应力为

$$\tau_{M_x} = \frac{E\varepsilon_{M_x d}}{4(1+\nu)} \tag{7-9}$$

扭矩引起的切应力为

$$\tau_{M_x} = \frac{M_x}{W_p} \tag{7-10}$$

将(7-9)式代入(7-10)式,即可得到截面 I—I 的扭矩实验值为

$$M_x = \frac{\varepsilon_{M_x d} EW_p}{4(1+\nu)} \tag{7-11}$$

【实验步骤及注意事项】

(1) 将载荷传感器电源及信号线与数字力指示器连接。
(2) 打开数字力指示器及应变仪电源,检查仪器的工作是否正常。
(3) 将薄壁圆筒上的应变片按不同测试要求接入应变仪,组成不同的测量电桥。
① 将 B,D 两点 0°方向的应变片按图 7-4(b)接成半桥线路进行半桥测量,各应变片共用 1 个公共温度补偿片。
② 将 A,C 两点 45°方向和−45°方向的应变片按图 7-4(c)(d)接成全桥线路进行全桥测量。应变仪具体操作参见附录 4。
(4) 预加载荷 0.2 kN,调节应变仪置零,或记录应变仪的初始读数,再按 0.4 kN,0.6 kN,0.8 kN,1.0 kN 分级加载,并记录各级载荷下应变仪的读数应变。

【实验结果处理】

算出下列数据的实验值：
(1) 截面上分别由弯矩、剪力和扭矩所引起的最大应力值；
(2) 截面 I—I 上的内力分量弯矩、剪力和扭矩值。

【思考题】

测量单一内力分量引起的应变，还可以采用哪几种桥路接线法？

实验 8 槽型截面梁弯曲中心及应力测量设计性实验

【实验目的】

根据槽型截面梁(如图 8-1)上已粘贴的应变片对其进行测量,完成以下项目(或选做其中几项)。自行设计实验方案,根据实验方案确定组桥和加载方式等。

1. 确定弯曲中心。
2. 测量翼缘上、下外表面中点的弯曲切应力。
3. 测量腹板外侧面中点的弯曲切应力。
4. 测量载荷作用于腹板中线时,翼缘上、下外表面中点的扭转切应力。
5. 测量载荷作用于腹板中线时,腹板外侧面中点的扭转切应力。
6. 测量载荷作用在距离弯曲中心±8 mm 处时,各应变花粘贴处的主应力大小和方向。

图 8-1 槽型截面梁实验装置

7. 用实验数据说明圣维南原理的影响范围。
8. 用实验数据说明本实验装置的固定端约束对弯曲正应力的局部影响范围。

【实验仪器设备】

1. 槽型截面梁实验装置,如图 8-1 所示。
2. TS3861 型静态数字应变仪(如图 4-2、图 4-3)。

【实验方案设计】

(1) 用材料力学知识计算开口薄壁梁的弯曲中心。
(2) 实验方案、实验数据、实验结果及分析:
① 完成以上各项目的测量,用哪些位置的应变片,如何组桥,应注意哪些问题?
② 用该实验装置测量弯曲中心时,还有哪些贴片方案和组桥方式?
③ 用数据分析圣维南原理的影响范围和固定端约束对弯曲正应力的局部影响范围。
④ 通过实验,谈谈实验体会,或者根据选做的内容谈谈实验体会。

附录1　微机控制电子式万能试验机

一、构造原理（如附图1-1、附图1-2）

附图1-1　WDW-100D型微机控制电子式万能试验机

附图1-2　WDW-100E型微机控制电子式万能试验机

这是一种利用电子计算机控制加载的试验机,可用于拉伸、压缩、剪切和弯曲等多种试验,所以被称为万能试验机。试验机的型号很多,这里以 WDW－100E 型微机控制电子式万能试验机为例说明基本原理。

二、操作步骤和注意事项

1. 操作步骤

(1) 接通电源,打开显示器与计算机,使计算机进入 Windows 7 操作系统,运行 Smart Test 电子式万能试验机测控软件(如附图 1-3)。

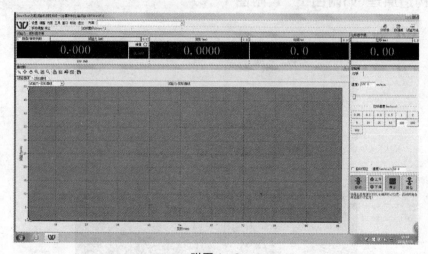

附图 1-3

(2) 打开试验机主电源,按下启动按钮,预热 30 min。

(3) 对测控软件进行参数设置。

(4) 将试件放在上夹头上夹紧。在计算机上选择横梁移动速度为 10 mm/min,逐步过渡到 100 mm/min,移动横梁,调整好试件在下夹头中的位置,调整试验力零点,夹紧下夹头。

(5) 选择合适的速度进行加载。

(6) 实验过程中,应注意观察曲线形状。

(7) 实验完成后,试验机可能会自动停机,如不自动停机则需手动停机。

(8) 将实验结果从测控软件数据板中读出。

2. 注意事项

(1) 启动试验机前,一定要检查限位旋钮位置,使之处于满足试验行程要求的位置,并不能使上、下夹具相撞。

(2) 主机上红色蘑菇头按钮是试验机的紧急停车按钮,如遇紧急情况请立即按下。

(3) 如果横梁运动到所定限位位置,试验机将自动停车。若需重新启动试验机,则应先松开限位调节旋钮并移动到其他所需工作位置,否则,无法启动。

(4) 如果试验过程中出现超载,请先切断电源后重新通电,并注意断电与通电顺序。断电时,要先关试验机(按一下红色蘑菇头按钮),再切断试验机动力电源,然后退出计算机测控软件,最后关闭计算机。

(5) 开机时必须先开计算机,在运行试验机测控软件后再开试验机。

(6)试验机运行时,操作员不能离开试验机。

3. SmartTest 电子式万能试验机测控软件简介

SmartTest 电子式万能试验机测控软件采用虚拟仪器技术,用于微机控制电子式万能试验机,对各种材料进行拉伸、压缩、弯曲等各种试验。该软件可用于 Windows 2000, Windows XP, Windows 7 等多种操作系统。该测控软件能按照各种试验的相应标准完成实时测量与显示、实时控制及数据处理、结果输出等各种操作。

4. SmartTest 电子式万能试验机测控软件使用介绍

双击桌面上的 SmartTest 图标,运行电子式万能试验机测控软件(如附图1-4)。

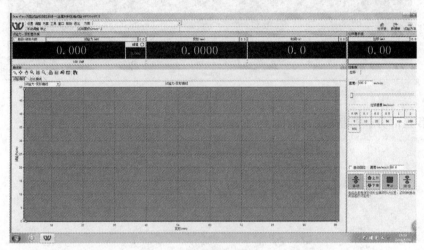

附图 1-4

该画面分为五个部分:

(1)第一部分:主窗口(如附图1-5)。

附图 1-5

(2)第二部分:力、变形和时间显示板(如附图1-6)。

附图 1-6

(3)第三部分:位移显示板(如附图1-7)。

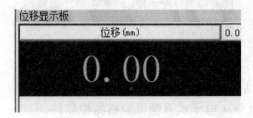

附图 1-7

(4) 第四部分：曲线显示板（如附图1-8）。

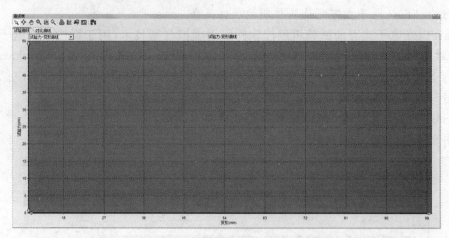

附图1-8

(5) 第五部分：控制板（如附图1-9）。

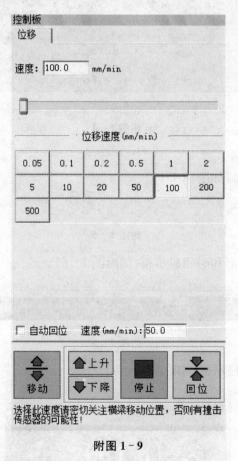

附图1-9

5. 低碳钢试件拉伸实验过程详解

第一步 运行 SmartTest 电子式万能试验机测控软件。

先双击桌面上的 SmartTest 图标运行主程序，出现全画面（如附图1-10）。

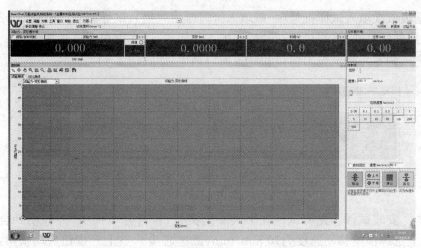

附图 1-10

第二步　打开试验机主电源,按下 启动 按钮(100E 型试验机 启动 按钮在遥控器上最上边一个按钮),运行试验机。

第三步　测控软件试验方法选择。在测控软件右上方有试验方法选择按钮,点开从中选择拉伸实验方法(如附图1-11)。

附图 1-11

第四步　数据板填写。在测控软件右上方有数据板选择按钮,点开如附图 1-12 所示。

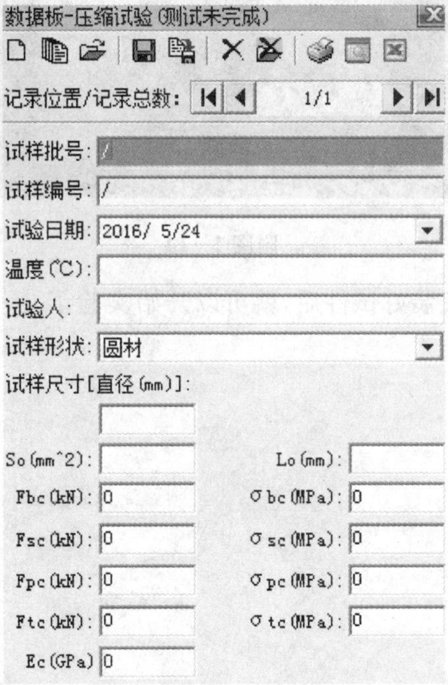

附图 1-12

在数据板依次填入试样批号(一般填入××班第×组)、试样编号(如 001、002 等)、试验人(填一人)、试样尺寸(将测量得到的数据填入并回车,试样面积会自动算出)。

第五步 调零。将试验力窗口和峰值窗口调零,如附图 1-13 所示。

附图 1-13

第六步 安装试件。先将试件在上夹头上夹紧;再打开下夹头,并移动到合适的位置[在计算机上选择横梁移动速度为 10 mm/min(低速起步),点上升按钮启动横梁,再点速度档位按钮将速度逐步变换到 100 mm/min,当试件在下夹头中的位置合适时按停止按钮];最后夹紧下夹头(试件大头部分要全部进入夹头,但也不可加入太多,夹头夹紧就行,也不可夹得太紧)。夹紧后的试件如附图 1-14 所示。

附图 1-14

第七步 开始实验。安装好试件后,就可以开始实验了,一般情况下,控制板此时如附图 1-15 所示。

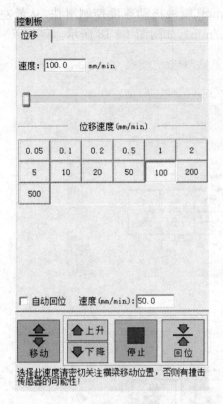
附图 1-15

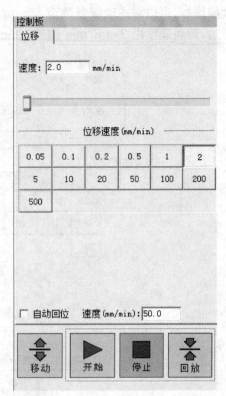
附图 1-16

点 移动 切换按钮,得到如附图 1-16 所示状态。选 2 mm/min 的速度,点击 开始 按钮开始实验,除非紧急情况,不能按停止按钮,否则会停止实验。这时实验曲线窗口会显示实验曲线,如附图 1-17 所示,一般用试验力—变形曲线。

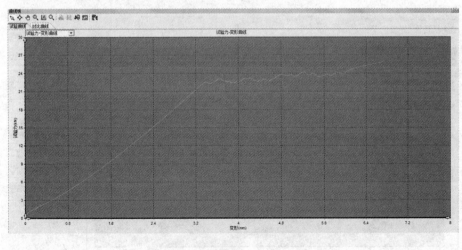
附图 1-17

当实验曲线出现波动时,说明试件发生了屈服。
当波动停止,则实验曲线会继续上升,说明试件过了屈服阶段,进入强化阶段,这时试件变形会大幅增加,可以将速度缓慢调至 5 mm/min(缓慢拖动速度控制滑块,从最左边缓慢拖到最右边,即将速度由 2 mm/min 调到 5 mm/min),如附图 1-18 所示。

附图 1-18

当曲线开始下降时,说明试件进入局部变形阶段。

第八步　读出数据。试件断裂后,试验机会自动停机,并弹出数据板(如试验机未自动

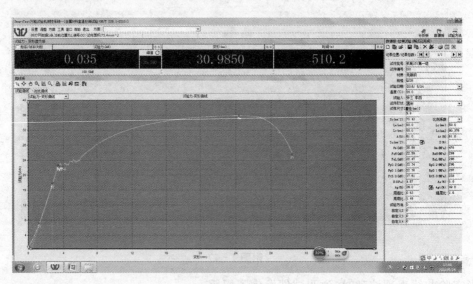

附图 1-19

停机,则需手动停机,并自动弹出数据板)。在数据板中读出相关数据(如:屈服载荷、最大载荷、屈服极限、强度极限等)。试件拉断后的测控软件如附图 1-19 所示。

试件拉断后的数据板如附图 1-20 所示。

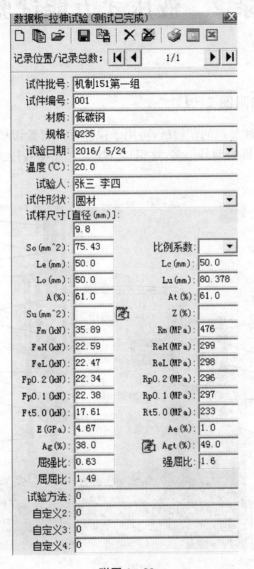

附图 1-20

第九步 关机。先关试验机(按一下红色蘑菇头按钮),再切断试验机动力电源,然后退出测控软件,最后关闭计算机。

附录 2　液压式万能试验机

一、构造原理（如附图 2-1）

这是一种利用液压油加载的试验机，可用于拉伸、压缩、剪切和弯曲等多种试验，所以被称为万能试验机。试验机的型号很多，这里以 WE-10A 型液压式万能试验机为例说明基本原理。

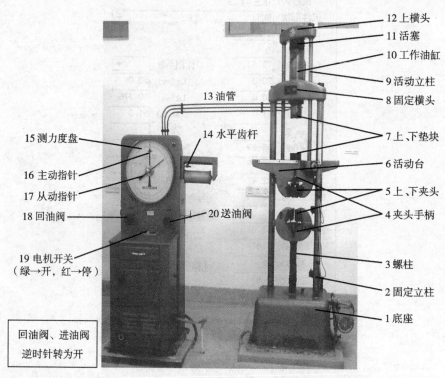

附图 2-1

1. 加载部分

它是对试件施加载荷的机构，如附图 2-1 右半部分。

在机器底座 1 上，装有两个固定立柱 2，它支持着固定横头 8 和工作油缸 10。关闭回油阀 18，按动电机开关 19 打开油泵电机，打开送油阀 20，则油泵电机带动油泵，将油液从油箱经油管 13 送入工作油缸，从而推动活塞 11，使上横头 12、活动立柱 9 和活动台 6 上升。若加载前，扳动夹头手柄 4，将试件安装在上、下夹头 5 之间，因下夹头固定不动，当活动台上升时，使试件发生拉伸变形，承受拉力；反之，把试件安装在上、下垫块 7 之间，则使试件发生压缩变形，承受压力。送油阀控制油液进入工作油缸的速度，即调节试件变形速度。回油阀打开时,则将工作油缸中的油液卸回油箱,循环使用,活动台由于自重而下落,回到最低位置。

拉伸试件的长度不同,可转动底座前侧的摇柄(或控制下夹头位置调节电机),通过底座中的蜗杆、蜗轮,使螺柱 3 上下移动,从而调节下夹头的位置。注意:在加载过程中及拉伸试件夹住时,不得调节下夹头的位置,否则容易损伤机件,且夹头可能会发生"自锁",即夹头无法打开。

2. 测力部分

加载时,油缸中油液推动活塞的力与试件所受的力随时处于平衡状态。用油管将工作油缸和测力油缸连通,油压便推动测力活塞,通过拉杆使摆锤绕支点转动而抬起,摆上的推杆便推动水平齿杆 14,使与齿轮固接的主动指针 16 旋转。主动指针旋转的角度与油压和试件上所加的载荷成正比,因此在测力度盘 15 上便可读出试件受力的大小,从动指针 17 的作用是当试件最终破坏时保留下最大载荷的指示。

如果增加或减少摆杆上摆锤的重量,当主动指针旋转同一角度时,所需的油压也就不同,而主动指针在同一位置所指示的载荷的大小与摆锤重量有关。该型号试验机可更换三种锤重,对应有 $0 \sim 20$ kN(A 锤),$0 \sim 50$ kN(A 锤+B 锤),$0 \sim 100$ kN(A 锤+B 锤+C 锤)三挡测力度盘。实验时根据所需载荷的大小,选择合适的测力度盘,并配置相应的摆锤(A 锤、B 锤、C 锤)。

二、操作步骤和注意事项

1. 操作步骤

(1) 确认送油阀 20 和回油阀 18 在关闭位置。

(2) 根据所需的最大载荷,选择测力度盘,配置相应的摆锤。

(3) 打开电机开关 19,开动油泵电机数分钟,确定运转是否正常。然后打开送油阀,向工作油缸中慢慢送油。等活动台 6 升起 10 mm 以上时,关闭送油阀,关闭电机开关,停机。转动水平齿杆 14,使主动指针对准零点,逆时针拨动从动指针,使之贴近主动指针。

(4) 安装试件:压缩试件必须放置上、下垫块 7;拉伸试件则需检查上、下夹头 5 的形式是否与试件配合,调节下夹头的位置,使拉伸区间与试件长度相适应。

(5) 打开加载开关,打开送油阀,加载,观察实验现象并记录相关数据,随时按需要控制送油阀。

(6) 试件破坏后,立即停机。记录相关数据,取下破坏后的试件。

(7) 打开回油阀,油液泄回油箱,活动台下降到最低位置,再关闭回油阀,整理所用仪器设备。

2. 注意事项

(1) 整个实验过程中,所有实验人员应在万能试验机的正面观察实验,不得随意到试验机的反面去。

(2) 实验过程中,出现异常现象时,应立刻停机。

(3) 开机前和停机后,送油阀一定要处在关闭位置;加载、卸载和回油均应缓慢进行。

(4) 加载过程中及拉伸试件夹住时,不得再调节下夹头的位置,否则容易损伤机件,且夹头可能会发生"自锁",即夹头无法打开。

(5) 机器运转时不得触动摆锤。

附录 3　TNS-J02 型数显式扭转试验机

一、构造说明（如附图 3-1、附图 3-2）

附图 3-1　TNS-J02 型数显式扭转试验机正面图

附图 3-2　TNS-J02 型数显式扭转试验机斜侧面图

二、使用与操作

1. 操作面板功能简介
   - 转角显示窗：显示转角，单位为度。
   - 扭矩显示窗：显示扭矩，单位为 N·m。

- 刚度显示窗：显示刚度，单位为度/米。
- 转角 清零 键：角度清零。
- 扭矩 清零 键：扭矩清零。
- 扭矩 峰值 键：按下此键，指示灯亮，试验时显示扭矩的最大值，再按此键峰值取消。
- 检测 键：用于选择自动检测或手动检测。
- 0 ~ 9 为数字键。
- 正向/反向 键：被动夹头逆时针受力时为正向，此时红色指示灯不亮，反之灯亮。
- 设置 键：与其他键配合设置时钟和扭矩标定。
- 总清 键：用于转角和扭矩同时清零。
- 打印 键：用于打印试验结果。
- 时钟 键：按此键可查询当前的年、月、日、时、分、秒。按 确认 键回到初始状态。
- 查询 键：按此键可查询当次试验结果。按一次 查询 键，显示角度和扭矩，再按一次 查询 键，显示最大值时的角度和扭矩，再按 查询 键退出查询状态。
- 查打 键：(本机不使用该键)。
- 复位 键：按此键可恢复至开机手动正向检测状态。
- 确认 键：(a) 每种试验参数输入完毕，设置另一种试验参数时的转换键；
  (b) 手动检测状态试验时，任意检测点的确认键。
- 补偿 键：用于补偿试验时传感器及机架变形(出厂时已调好，用户无须调整)。

2. 操作

(1) 自动检测。

① 打开电源开关(电器机箱上的空气开关)，试验机进入测试状态，此时试验机扭矩和位移均自动清零，将机器预热 20 min。

② 选择合适的夹块安装在夹头上，将试样安装在两夹头间。

③ 根据被动夹头的受力方向选择旋向(被动夹头顺时针受力为反向，逆时针受力为正向)。

④ 按下 检测 键，选择手动状态，旋转手轮保持轻微加载，按下转角 清零 键清零，再按下 检测 键选择自动状态，即可自动检测。有关标准规定：在屈服前试验速度应在 6°/min ~ 30°/min 范围内，屈服后试验速度应不大于 360°/min。当试件扭断时，可查询或打印屈服扭矩和最大扭矩及相应转角，按 总清 进行下一个测试。

注：① 刚度显示窗显示每转动一度时扭矩的变化情况，当第一次刚度整数部分为零时，试验机将自动记录材料的屈服扭矩(扭转平台)，继续试验将记录材料的最大扭矩。

② 下一次试验安装试件时，请注意不要使转角转过一度，否则试验机会记录为平台。(程序设定 20 N·m 以内不记录屈服扭矩，以免误操作造成数据处理错误)

(2) 手动检测。

选择手动检测进行测试,可实时显示试验角度及扭矩,手动检测时不自动记录屈服扭矩。当按下 峰值 键状态时,试验过程总是保持记录整个过程的最大扭矩值。

3. 注意事项

(1) 如在测试过程中扭矩显示不变化或有异常,则按 复位 键重新测试。

(2) 当试验超过满量程时,试验力过载,显示 ERROR 时,请立即卸载,以免损坏传感器。

附录 4　TS3861 型静态数字电阻应变仪

一、构造说明（如附图 4-1、附图 4-2）

附图 4-1　TS3861 型静态数字应变仪正面图

附图 4-2　TS3861 型静态数字应变仪背面图

二、使用方法和注意事项

1. 使用方法

第一步　打开应变仪电源开关,通道显示器应显示"Sc",应变值显示器应不亮,如果显示其他状态,则应重新开机,直至显示"Sc"。

第二步　选择桥路电阻。

根据应变片的阻值拨入相应的代码,"1"表示 120 Ω,"2"表示 240 Ω,"3"表示 350 Ω,"4"表示 500 Ω。

第三步　设置灵敏度系数。

对照应变片灵敏度系数拨入相应的数值。例如,应变片灵敏度系数 $K=2.08$,开关应设置为"2-0-8"。

第四步 选择桥路形式。

在后面板上选择桥路形式,对照盖板上的接线图进行接线,当使用半桥公共补偿片时,应将所有测点的"B"端用金属片连接。

各接线端子的功能如下:
- "A"端相当于桥压正极。
- "B"端相当于桥路输出。
- "C"端相当于桥压负极(所有的"C"端内部已连接)。
- "D"端相当于桥路输出(指全桥)。
- "E"端接地。

第五步 显示初值。

各点接线完毕后,打开应变仪电源,在初值状态按通道选择钮,使每个测点桥路的初始值都显示一遍,显示的同时也存储各路初值。

第六步 测量。

应变仪预热半小时后,按"测量"钮,当应变片未检测到应变变化时,各测点应显示全零,此时仪器已将初值自动扣除,如某点扣除后仍有数字,则可重复操作第五步,使其显示在±2以内,若某点开路(未形成桥路或有断线时),则仪器显示闪烁。

2. 注意事项

(1) 应使用相同的电阻应变片来构成应变电桥,以使应变片具有相同的灵敏系数和温度系数。

(2) 补偿片应贴在与试件相同的材料上,与测量片保持同样的温度。

(3) 测量片和补偿片不能受强阳光暴晒。

(4) 应变片对地绝缘电阻及导线间的电阻应在 500 MΩ 以上。

参 考 文 献

[1] 贾有权. 材料力学实验[M]. 北京：人民教育出版社,1979.
[2] 陈绍元. 材料力学实验指导[M]. 北京：高等教育出版社,1985.
[3] 范钦珊. 工程力学实验[M]. 北京：高等教育出版社,2006.
[4] 邓宗白. 材料力学实验与训练[M]. 北京:高等教育出版社,2014.
[5] 佘斌. 材料力学[M]. 北京：机械工业出版社,2015.

《材料力学实验简明教程(第二版)》读者信息反馈表

尊敬的读者:

  感谢您购买和使用南京大学出版社的图书,我们希望通过这张小小的反馈卡来获得您更多的建议和意见,以改进我们的工作,加强双方的沟通和联系。我们期待着能为更多的读者提供更多的好书。

  请您填妥下表后,寄回或传真给我们,对您的支持我们不胜感激!

1. 您是从何种途径得知本书的:
   □ 书店   □ 网上   □ 报纸杂志   □ 朋友推荐
2. 您为什么购买本书:
   □ 工作需要   □ 学习参考   □ 对本书主题感兴趣   □ 随便翻翻
3. 您对本书内容的评价是:
   □ 很好   □ 好   □ 一般   □ 差   □ 很差
4. 您在阅读本书的过程中有没有发现明显的专业及编校错误,如果有,它们是:

   _____

   _____

   _____

   _____

5. 您对哪些专业的图书信息比较感兴趣:_____

   _____

6. 如果方便,请提供您的个人信息,以便于我们和您联系(您的个人资料我们将严格保密):

  您供职的单位: 您教授或学习的课程:

  您的通信地址: 您的电子邮箱:

请联系我们:
电话:025 - 83596997
传真:025 - 83686347
通信地址:南京市汉口路22号   210093   南京大学出版社高校教材中心
微信服务号:njuyuexue

目　　录

实验 1　拉伸实验 ·· 1

实验 2　压缩实验 ·· 4

实验 3　实心圆截面杆扭转实验 ·· 6

实验 4　矩形截面梁纯弯曲正应力实验 ······································· 8

实验 5　薄壁圆筒弯扭组合变形时主应力测量实验 ···················· 11

实验 6　等强度梁桥路变换接线实验 ·· 14

实验 7　薄壁圆筒弯扭组合变形时内力分量测量实验 ················ 17

实验 1 拉 伸 实 验

实验日期_____   实验成绩_____   实验指导教师_____

一、实验目的

二、实验仪器设备

序 号	仪器设备名称	型 号	精 度

三、实验基本原理

四、实验主要步骤

五、实验数据记录与数据处理

1. 试件初始尺寸

材料	直径 d_0 (mm)									最小截面面积 A_0 (mm²)
	截面Ⅰ			截面Ⅱ			截面Ⅲ			
	(1)	(2)	平均	(1)	(2)	平均	(1)	(2)	平均	
低碳钢										
铸铁										

低碳钢试件的初始标距 $l_0 = $ _____ mm

2. 试件加载记录

材料 \ 载荷	屈服载荷 F_s (kN)	最大载荷 F_b (kN)
低碳钢		
铸铁		

3. 低碳钢试件断后尺寸

断后标距 l_1 (mm)	断口处直径 d_1 (mm)			断口处截面面积 A_1 (mm²)
	(1)	(2)	平均	

4. 计算结果

材料 \ 力学性能	屈服应力 σ_s (MPa)	强度极限 σ_b (MPa)	延伸率 δ	断面收缩率 ψ
低碳钢				
铸铁				

5. 试件断后草图
a. 低碳钢

b. 铸铁

六、思考题

1. 测定材料的力学性能为什么要用标准试件?

2. 材料拉伸时有哪些力学性能指标?

实验2　压　缩　实　验

实验日期_____　　实验成绩_____　　实验指导教师_____

一、实验目的

二、实验仪器设备

序　号	仪器设备名称	型　号	精　度

三、实验基本原理

四、实验主要步骤

五、实验数据记录与数据处理

1. 试件初始尺寸

材料	直径 d_0(mm)						最小截面面积 A_0 (mm²)	高度 h(mm)
	截面Ⅰ			截面Ⅱ				
	(1)	(2)	平均	(1)	(2)	平均		
铸铁								

2. 试件加载记录

材料 \ 载荷	最大载荷 F_b (kN)
铸铁	

3. 计算结果

材料	抗压强度 σ_b (MPa)
铸铁	

4. 试件断后草图

实验 3 实心圆截面杆扭转实验

实验日期_____   实验成绩_____   实验指导教师_____

一、实验目的

二、实验仪器设备

序　号	仪器设备名称	型　号	精　度

三、实验基本原理

四、实验主要步骤

五、实验数据记录与数据处理

1. 试件初始尺寸

材料	直径 d_0 (mm)									最小抗扭截面模量 $W_p = \dfrac{\pi d^3}{16}$ (mm³)
	截面Ⅰ			截面Ⅱ			截面Ⅲ			
	(1)	(2)	平均	(1)	(2)	平均	(1)	(2)	平均	
低碳钢										
铸铁										

2. 试件加载记录

载荷 材料	最大载荷 M_b (N·m)
低碳钢	
铸铁	

3. 计算结果

力学性能 材料	剪切强度极限 τ_b (MPa)
低碳钢	
铸铁	

4. 试件断后草图

a. 低碳钢

b. 铸铁

实验4 矩形截面梁纯弯曲正应力实验

实验日期_____   实验成绩_____   实验指导教师_____

一、实验目的

二、实验仪器设备

序 号	仪器设备名称	型 号	精 度

三、实验基本原理

实验简图

贴片梁的受力图

四、实验主要步骤

五、实验数据记录与数据处理

1. 试件初始尺寸

截面高度 $h=$ _____ mm
截面宽度 $b=$ _____ mm
$a=$ _____ mm

2. 电阻应变片沿试件截面高度的贴片位置

片 1：$y_1=$ _____ mm
片 2：$y_2=$ _____ mm
片 3：$y_3=$ _____ mm
片 4：$y_4=$ _____ mm
片 5：$y_5=$ _____ mm

3. 试件的材料常数

试件材料：_____
弹性模量 $E=$ _____ GPa = _____ MPa

4. 试件加载记录及处理

载荷 F_i (kN)	各测点 j 应变 ε_{ji} （数量级：10^{-6}）									
	测点 1		测点 2		测点 3		测点 4		测点 5	
	读数 ε_{1i}	增量 $\Delta\varepsilon_{1i}$	读数 ε_{2i}	增量 $\Delta\varepsilon_{2i}$	读数 ε_{3i}	增量 $\Delta\varepsilon_{3i}$	读数 ε_{4i}	增量 $\Delta\varepsilon_{4i}$	读数 ε_{5i}	增量 $\Delta\varepsilon_{5i}$
$F_0=$										
$F_1=$										
$F_2=$										
$F_3=$										
$F_4=$										

各测点 j 的平均应变增量 $\overline{\Delta\varepsilon_j} = \dfrac{1}{4}\sum\limits_{i=1}^{4}\Delta\varepsilon_{ji}$

$\overline{\Delta\varepsilon_j}$ （数量级：10^{-6}）	$\overline{\Delta\varepsilon_1}$	$\overline{\Delta\varepsilon_2}$	$\overline{\Delta\varepsilon_3}$	$\overline{\Delta\varepsilon_4}$	$\overline{\Delta\varepsilon_5}$

载荷增量 $\Delta F = F_i - F_{i-1} = $ _____ N

弯矩增量 $\Delta M = \dfrac{1}{2}\Delta F \cdot a = $ _____ $\times 10^3$ N·mm

$$I_z = \dfrac{bh^3}{12} = \underline{\qquad} \text{ mm}^4$$

5. 计算结果及分析

$$\Delta\sigma_{\text{理}j} = \dfrac{\Delta M \cdot y_j}{I_z} \text{ MPa} \qquad \Delta\sigma_{\text{实}j} = E \cdot \overline{\Delta\varepsilon_j} \text{ MPa}$$

应力 \ 测点 j	1	2	3	4	5
理论值 $\Delta\sigma_{\text{理}j}$ (MPa)					
实测值 $\Delta\sigma_{\text{实}j}$ (MPa)					
相对误差 $\dfrac{\Delta\sigma_{\text{实}j} - \Delta\sigma_{\text{理}j}}{\Delta\sigma_{\text{实}}} \times 100\%$					

6. 纯弯曲梁横截面上的应力分布图
（理论分布用虚线表示，实测分布用实线表示）

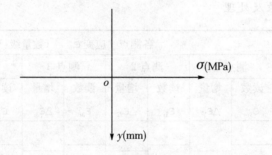

实验 5 薄壁圆筒弯扭组合变形时主应力测量实验

实验日期_____   实验成绩_____   实验指导教师_____

一、实验目的

二、实验仪器设备

序　号	仪器设备名称	型　号	精　度

三、实验基本原理

四、实验主要步骤

五、实验数据记录与数据处理

1. 试件的材料常数

试件材料：_____ 弹性模量 $E=$ _____ GPa 泊松比 $\nu=$ _____

2. 试件加载记录及处理

表 5-1 A,B,C,D 各点的读数应变

载荷(kN)		读数应变 $\varepsilon_d(\mu\varepsilon)$					
		A			B		
F	ΔF	$-45°$	$0°$	$45°$	$-45°$	$0°$	$45°$
ε_d 增量均值($\mu\varepsilon$)							

载荷(kN)		读数应变 $\varepsilon_d(\mu\varepsilon)$					
		C			D		
F	ΔF	$-45°$	$0°$	$45°$	$-45°$	$0°$	$45°$
ε_d 增量均值($\mu\varepsilon$)							

3. 计算结果及分析

表 5-2　A,B,C,D 各点的主应力及其方向

实验点 实验参数	实验值			
	A	B	C	D
σ_1(MPa)				
σ_2(MPa)				
σ_3(MPa)				
α_0(°)				

实验6　等强度梁桥路变换接线实验

　　实验日期_____　　实验成绩_____　　实验指导教师_____

一、实验目的

二、实验仪器设备

序　号	仪器设备名称	型　号	精　度

三、实验基本原理

四、实验主要步骤

五、实验数据记录与数据处理

1. 试件的材料常数

试件材料：_____ 弹性模量 $E=$_____ GPa 泊松比 $\nu=$_____

2. 试件加载记录及处理

表 6-1 桥路变换接线实验数据记录 1

载荷(N)		读数应变 $\varepsilon_d(\mu\varepsilon)$（单臂测量接线方式）			
F	ΔF	应变片 1	应变片 2	应变片 3	应变片 4
ε_d 增量均值($\mu\varepsilon$)					

表 6-2 桥路变换接线实验数据记录 2

载荷(N)		读数应变 $\varepsilon_d(\mu\varepsilon)$			
F	ΔF	单臂测量	半桥测量	相对两臂测量	全桥测量
ε_d 增量均值($\mu\varepsilon$)					

表 6-3 桥路变换接线实验计算结果

桥 路	ε_d 增量均值	实验应变值	理论应变值	误差(%)
单臂测量				
半桥测量				
相对两臂测量				
全桥测量				

实验7 薄壁圆筒弯扭组合变形时内力分量测量实验

实验日期_____   实验成绩_____   实验指导教师_____

一、实验目的

二、实验仪器设备

序 号	仪器设备名称	型 号	精 度

三、实验基本原理

四、实验主要步骤

五、实验数据记录与数据处理

1. 试件的材料常数

试件材料：_____ 弹性模量 $E=$ _____ GPa 泊松比 $\nu=$ _____

2. 试件加载记录及处理

表7-1 弯矩、剪力和扭矩引起的应变读数

载荷(kN)		读数应变 $\varepsilon_d(\mu\varepsilon)$		
F	ΔF	弯矩 ε_{Md}	剪力 ε_{F_Sd}	扭矩 ε_{M_xd}
ε_d 增量均值 ($\mu\varepsilon$)				

3. 计算结果及分析

表7-2 Ⅰ-Ⅰ截面上实验测量数据

实验参数 \ 实验数据	实验值
σ_M(MPa)	
τ_{F_S}(MPa)	
τ_{M_x}(MPa)	
M(N·m)	
F_S(N)	
M_x(N·m)	